小嶋老师的

DVD讲座 附赠

戚风蛋糕&经典蛋糕

（日）小嶋留味　著

张　　岚　译

辽宁科学技术出版社

沈阳

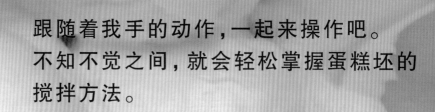

跟随着我手的动作，一起来操作吧。
不知不觉之间，就会轻松掌握蛋糕坯的
搅拌方法。

在本书DVD讲座中，我们将要学习在蛋糕坯中加入蛋白霜以后的搅拌方法。
本书中介绍了人气满满的"戚风蛋糕"和蛋黄、蛋白分别与面粉搅拌的"松饼"类点
心。
不仅仅是在材料和制作方法方面，就连打泡方法、搅拌方法的微小差别也会导致
最终成品、味道大相径庭。
其中最重要的内容是如何将各种素材搅拌在一起。
所谓技术，也就是搅拌的技巧。
本书中，把所谓的"搅拌的技巧"收容在长度为1小时的DVD中。请反复观看，实
际操作的时候尽可能跟随视频中手的动作和速度。
如果各位能熟练掌握这种所谓的技巧，我将感到万分欣喜。

作者简介

小嶋留味作为一名女性制果先驱者，在日本东京小金井经营着自己的CAKE SHOP & CAFE和"OVEN MITTEN"点心制作教室。

在CAKE SHOP中陈列的糕点，均出自女性店员之手，糕点中充满了温暖人心的力量。

小嶋老师的拿手作品包括：烘焙点心、挞类、黑森林蛋糕、泡芙等糕点。

小嶋老师的点心制作教室，能够深入浅出地传授专业点心制作技巧。这正是点心教室创办20多年的秘诀所在。来这里学习的学生遍布各地，最近更有学生特意从中国远道而来呢。

只要按照小嶋老师的制作方法，在家里也能简单再现出"本以为只有专业人士才能烘焙出的味道"！正是因为如此，小嶋老师才受到了众多读者的喜爱和支持。

小嶋老师除了在日本NHK电视台的料理制作节目中教授制作糕点以外，还出版了很多关于点心的书籍。

Oven Mitten
在这里，您不仅可以享用到6~7种的冷点心和10种以上的烘焙点心，更能享受到美味咖啡以及可口午餐。

小嶋老师的
戚风蛋糕&经典蛋糕

DVD讲座

目录

香草戚风蛋糕

基本的戚风蛋糕应用

创作蛋糕

创意蛋糕

基本的创意蛋糕应用

创作蛋糕

在参考本书开始制作点心之前

· 本书中所用的材料全部为日本本土销售的材料。中国的材料和日本的材料（粉类，黄油，淡奶油，鸡蛋等）存在差异。所以会在一定程度上对面坯的膨胀程度，以及成品点心的味道和风味产生不同的影响，请多加注意。

· 请先阅读材料表和制作说明，掌握制作流程。
标注有DVD字样的内容，请观看DVD了解详情。

· 事先准备好工具、烘焙纸、烤盘等物品。

· 精确称量。本书中液体的表示单位精确到g。关于鸡蛋，表示为打散以后的称量重量。

· 黄油均为不含盐分的种类，若提到发酵黄油则推荐购买使用。

· 砂糖为细砂糖，对于戚风蛋糕、黄油蛋糕这样的种类，推荐使用细颗粒的砂糖。本书中的大多数情况均为细砂糖。

· 烤箱温度为烘焙结束时的温度。预热的温度需要略高20℃，需要保持在这个温度水平5分钟以上。
打开烤箱，烤炉内的温度会下降，所以开门、关门均应在短时间内结束。若烤箱内温度下降，则需要延长烘焙时间。

· 烘焙时间为参考时间。请掌握您的烤箱的特点，适当调整烘焙温度和时间。

蛋糕的保存与保鲜期

　　新鲜出炉的蛋糕均应放入冰箱保存。建议黄油蛋糕在食用前使其恢复至室温水平。

· 戚风蛋糕……当天品尝最美味。保鲜期……2日（只有蛋糕坯时）
· 夹心蛋糕……当日　　　　　　　　　· 松饼蛋糕（夹心）……当日
· 杏干蛋糕……2~3日　　　　　　　　· 费南雪蛋糕……3~4日
· 焦糖苹果蛋糕……当日　　　　　　　· 舒芙蕾芝士蛋糕……1~2日（第2天味道会更甜美）

制作美味点心的 基础搅拌方法 ▶ DVD

利用鸡蛋泡沫制作的点心当中，可以分为"共同搅拌"和"分别搅拌"两种方法。"共同搅拌"是将整个鸡蛋和砂糖混合在一起打出泡沫，然后再与面粉搅拌在一起的制作方法。"分别搅拌"是将蛋白和蛋黄分开，分别打出泡沫，然后再混合在一起的制作方法。首先，我们来学习"分别搅拌"中的蛋白打法（"蛋白霜"的制作方法）与蛋糕坯的搅拌方法。

利用电动搅拌器打制蛋白霜（以戚风蛋糕为例）

本书中提到的打制蛋白霜方法中，均使用了电动搅拌器。通常，打蛋器都无法打制出我们所需要的泡沫。特别是制作戚风蛋糕的蛋白霜时，需要首先将蛋白进行半冷冻处理，然后将细砂糖分3份逐次加入。

电动搅拌机的持拿方法

　　将材料放入盆中，电动搅拌机垂直插入盆中线上靠近自己的位置。同时叶片要非常靠近盆的底部，此时打开开关。

第1次加入砂糖

1. 将蛋白倒入盆中、放入冷冻室，冻结至出现冰碴为止。然后，从28g柠檬汁和细砂糖中分别取1/2小勺放入蛋白中。
加入柠檬汁的目的是增强碱性蛋白的酸性，提高气泡性能。

2. 将电动搅拌器调至高速挡打制泡沫。叶片与盆底面垂直，大幅度搅拌2.5~3分钟。
叶片要不时撞击盆的侧面，大幅度进行搅拌。

3. 开始打制泡沫以后，途中不要停下来，要一气呵成地搅拌至最后。画圆速度可为1秒2圈。
随着搅拌程度的进展，搅拌过程中可以慢慢从盆底向上提起叶片、促进泡沫的打制效果。

第2次加入砂糖

4. 加入剩余细砂糖的1/2分量，继续打制泡沫1分钟。

第3次加入砂糖

5. 加入剩余全部分量的砂糖，搅拌约30秒。

6. 然后，将电动搅拌器前后往返搅拌约1分钟。将整体打制为蓬松的状态。
电动搅拌器前后移动，可以增加蛋白霜的强度。

分别搅拌的蛋白霜特征

戚风蛋糕、分别搅拌的磅蛋糕&松饼蛋糕与舒芙蕾芝士蛋糕的蛋白霜，都有其不同的配方、性质以及制作方法。在这里，我们大致分3个种类，简单介绍它们各自的特征、制作方法的要点。请掌握它们不同的制作方法要点。

戚风蛋糕的蛋白霜

需要气泡很大，蓬松轻盈的蛋白霜。因此，砂糖约占蛋白分量的30%。如果砂糖过少，蛋白虽然很轻盈，但是容易破碎。在制作蛋白霜之前，应该首先把蛋白冷藏至接近0℃，使气泡安定。然后打制5分钟以上，形成初步紧致的蛋白霜，再加入第2批砂糖，打制2.5~3分钟。此时，气泡应膨胀至最大，呈现出马上要分离的状态。然后继续搅拌约1分钟以后，加入剩余的砂糖、继续打制30秒后，利用电动搅拌器前后往返搅拌1分钟。

分别搅拌的磅蛋糕、松饼蛋糕的蛋白霜

需要气泡紧致，难以破碎的蛋白霜。砂糖约占蛋白分量的30%。使用前，应将蛋白放入冰箱内冷藏。只要能打制出紧致的泡沫，就能得到硬度适宜的蛋白霜。加入第2次砂糖以后，再打制1.5~2分钟——打至9分发程度。然后继续搅拌1分钟后，加入剩余的砂糖，继续坚持打制1分钟。

舒芙蕾芝士蛋糕的蛋白霜

需要细腻而且柔软顺滑的蛋白霜。砂糖约应占蛋白分量的60%。砂糖的分量比较多，所以形成的泡沫不容易破损。加入第2次砂糖以后，继续打制1.5分钟——尚未出现光泽的7分发程度。利用电动搅拌器的中速挡，一边慢慢搅拌一边加入下一批次的砂糖。理想的蛋白霜状态是细腻而且紧致。请注意这里不要用电动搅拌器的高速挡进行搅拌。

利用橡皮刮刀搅拌

在打制好泡沫的蛋白霜中加入生粉的时候，橡皮刮刀担任了重要的角色。
在混合生粉和蛋白霜的时候，要使用橡皮刮刀的圆弧部分，像切入一样从中心部向外侧搅拌。

手法

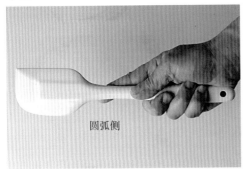

圆弧侧

根据面坯的搅拌方法不同，橡皮刮刀的使用方法也会随着改变。手拿橡皮刮刀时刀刃要朝下，然后从上方握住中央稍靠后的位置，并不是轻柔的持拿，而是要牢固地握住保证刮刀不会在手中晃动。在绕动刮刀时有种刮刀是从手腕延伸出来的感觉。使用杰诺瓦士搅拌法时，要像照片中所示的将食指贴合在手柄上，用橡皮刮刀的面来搅拌面坯。使用戚风搅拌法时，将食指放在橡皮刮刀的手柄上侧（较细的部分），橡皮刮刀的面也要接近水平，要像将面坯切开一样地进行搅拌。这时不可以用刮刀的面来搅拌面坯。

姿势

盆放在身体正前方，持橡皮刮刀一侧的肩膀轻轻用力向内侧夹。注意手肘的角度不要外翻太多。

11

戚风搅拌方法（以制作戚风蛋糕为例）

蛋黄面坯与蛋白霜混合时的搅拌方法。

1. 橡皮刮刀从盆中心处切入，向外（8点钟方向）拉，碰触到盆侧面的较低位置为止。

2. 搅拌平面向上，从蛋白霜中盛起约5cm厚的蛋白霜返回到盆中心。每搅拌1次，左手应把盆向反方向转60°。保持橡皮刮刀方向不变，反复该动作。

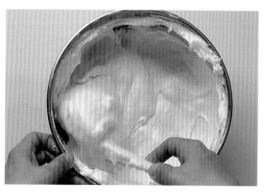

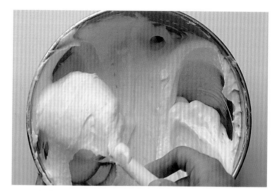

3. 橡皮刮刀头部沿长径为6~7cm的椭圆形画圆。速度为1秒钟2次，重复进行35~40次。这时，已经看不见白色的蛋白霜了。
途中不要停下来，如果搅拌速度过慢，蛋白霜中会出现硬块。

4. 基本搅拌均匀以后，戚风蛋糕所需的蛋白霜制作就告一段落了。再利用杰诺瓦士的搅拌方法（请参考P.13的内容），继续大幅度搅拌几次，以确认是否存在面坯硬块。如果发现有白色蛋白霜没有搅拌均匀，可以用橡皮刮刀头部或手指单独搅拌此处，使蛋白霜整体均匀润滑。

戚风搅拌方法应用

这种搅拌方法适用于将蛋白霜与干粉或混入了蛋白霜的面坯与干粉进行搅拌。可以用来制作单独搅拌的黄油蛋糕、软蛋糕等点心。

如所述的戚风搅拌方法一样，应从盆中间部位切入橡皮刮刀的头部，然后斜拉下来。用橡皮刮刀的平面盛起面坯，再倒回盆中央。因为要加入干粉，所以搅拌速度应略慢于戚风搅拌方法，1秒钟1次即可。应确保每次搅拌动作都到位。

杰诺瓦士搅拌方法

这是制作杰诺瓦士的搅拌方法。将蛋白霜与面坯混合在一起，搅拌到完全看不到干粉为止。每次搅拌应沿着盆的直径，从一侧跨越到另一侧大幅度搅拌。

1. 将盆当成表盘，从2点钟方向切入橡皮刮刀，拉向8点钟方向。橡皮刮刀平面应保持直线按压的动向。

2. 到了8点钟位置以后，橡皮刮刀头部翘起，沿盆的侧壁滑到10点钟位置。橡皮刮刀沿盆侧面提起的同时，左手将盆逆时针旋转60°。

3. 将盆侧壁清理干净，然后橡皮刮刀返回，将盛起来的面坯倒回盆左侧。速度大概为5秒钟3次，保证1~3的动作都按照要求正确执行。

利用打蛋器来搅拌

这里，我们利用打蛋器打散以及搅拌鸡蛋等液体状的食材。

搅拌鸡蛋、淡奶油等液体状食材时，手握在打蛋器手柄上，食指轻轻扶在手柄上。

搅拌黄油、芝士等材质较硬的食材时，应从侧面握住打蛋器，然后用向盆底按压的方式用力搅拌。

想了解更多一点
戚风蛋糕的要点

作为居家点心中的人气款式，戚风蛋糕的轻盈口感总是卓尔不群。而且在柔软轻盈的口感中，总是洋溢着鸡蛋的醇香，让我们在浓厚的口感中体验到心满意足的味道。

配方中的2个特征

1. 使用的蛋黄与蛋白的个数基本相同。

仔细观察，就不难发现戚风蛋糕中并没有刻意使用很多蛋白来使蛋白霜膨胀。因为只使用整个鸡蛋，才能体会到鸡蛋本来的温暖味道。如果使用过多的蛋白霜，反而会让鸡蛋的味道变淡。所以，只使用相同个数的蛋黄与蛋白，才能在戚风蛋糕中体现出"鸡蛋的美味"。

2. 在蛋白霜中加入的砂糖比较少。

使用与蛋黄同等个数的蛋白，也就是说为了用尽可能少的蛋白使戚风蛋糕膨胀起来，我们必须制作出大小气泡丰富、体积适当的蛋白霜。因此，砂糖的分量应该控制在1/3以下。虽然多放一些砂糖，可以使蛋白霜的气泡细腻、状态稳定，但是却难以满足我们所期待的戚风蛋糕的口感。

但也正因为砂糖较少，蛋白霜更容易分离、破碎。因此我们更要在泡沫的打制过程中与蛋黄面坯搅拌的过程中多花些功夫。右页中有相关要点，敬请参考。另外，DVD中也详细地介绍了打制泡沫与搅拌的方法。请仔细观看电动搅拌器、橡皮刮刀的使用方法与面坯的变化过程，然后就一起来做做看吧

成功的4个要点

1. 蛋白冷却尽可能接近0℃，制作出20℃以下的蛋白霜。

将蛋白放入冷冻室冷却至接近0℃，这样能够抑制蛋白霜的泡沫、防止分离，制作出强有力的蛋白霜。这样打制出来的蛋白霜，在夏季为17~18℃。这个温度水平的蛋白霜是最强韧、最易于制作蛋糕的。

放在冷藏室冷却时，开始打制泡沫的温度应为8~9℃。这时候开始打制，马上就能出现泡沫。但由于气泡本身软弱无力，温度略有上升的时候就会很快分离破碎。稍后与蛋黄面坯搅拌到一起的时候，气泡会很容易磨碎、导致最终的失败。

2. 从打制蛋白霜开始，就不要停。保持快速搅拌的状态。

从开始打制蛋白霜开始，到将面坯倒入模型中需要7~8分钟的时间。在打制蛋白霜的时候以及之后的作业过程中，一旦停下来就会导致蛋白霜分离。蛋黄面坯与蛋白霜进行混合的时候或是将面坯倒进蛋白霜里的时候、甚至在整理面坯的时候，都应该眼疾手快地进行。最后搅拌戚风蛋糕的面坯时，也请不要放慢速度，连续搅拌35~40次。

3. 向蛋黄中加水的时候，请使用热水。

向蛋黄中加砂糖的时候、如果搅拌过分会导致鸡蛋风味下降。这时若使用热水，就能让砂糖更快溶化、更容易与蛋黄混合在一起。另外，面坯的温度提高可以使材料的分子活动更加活跃。这也能够强化各种材料的混合程度。

4. 在蛋白中加点柠檬汁。

这是为了降低碱性蛋白的pH值、使其更接近酸性。结果会使蛋白的泡沫效果更好。特别是蛋白冷却后有抑制泡沫的效果，这样做能稍微对打发起到帮助。

Vanilla Chiffon Cake

香草戚风蛋糕

这是一款自然流露出天然香草味道的原味戚风蛋糕。加入香草子以后，鸡蛋的醇香更加突出，呈现出让人感受到幸福的味道。只要一口，你就会惊讶于这种前所未有的轻盈味道以及入口即化的口感。

为了得到理想中的自然香味，我们不选择香草香精或香草精油，而是要使用香草豆荚。

1. 制作基本的香草戚风蛋糕 ▶ DVD

材料（直径17cm戚风模型 1个份）

蛋黄	45g
细砂糖（细粒）	48g
香草豆荚	1/8个
色拉油（油菜子油）	28g
热水	48g
低筋面粉	65g
泡打粉	2g
蛋白霜	
蛋白	90g
柠檬汁	1/4小勺
细砂糖（细粒）	28g

事先准备

· 将盆中的蛋白放入冷冻室内，直到局部开始出现冰碴为止。若使用的小盆不能放入冷冻室中，可以用更小一点的不锈钢容器代替。同样，等蛋白局部出现冰碴以后，再转移到盆中即可。
· 粉类制品应事先过筛准备好。
· 烤箱预热（烘焙温度为180℃）。

制作流程

把香草子与细砂糖加入蛋黄中共同搅拌
加入色拉油+热水
加入面粉类
制作蛋白霜
将蛋黄面坯与蛋白霜混合在一起
倒入模型中
烘焙

把香草子与细砂糖加入蛋黄中共同搅拌

1. 把香草豆荚分成纵向两半，利用刀背将内部香草子取出。

2. 把蛋黄放入盆中打散，加入1中的香草子与细砂糖。

3. 利用打蛋器轻轻搅拌，但不要一直搅拌到材料变白。
蛋黄轻轻搅拌即可，这样能留下更多的鸡蛋风味。

---

column

为什么要将砂糖分3次加入蛋白中？

本书中，根据砂糖的使用量，将蛋白霜分成了3种类型（P.10）。但无论哪种蛋白霜，都需要把砂糖分成3次分别加入。最初开始出现泡沫时，加入1/2~1小茶匙的分量。如果从一开始就加入一半或者全部的砂糖，就很难以形成泡沫。因为砂糖在蛋白中起到了抑制气泡形成的作用，影响了蛋白本身的起泡性。因此，首先加入少量的砂糖（第1次），尽可能打制出理想的蛋白霜体积。然后再一点点地，将剩余的砂糖分成2份加入，渐渐提高蛋白霜的稳定性。

香草戚风蛋糕

加入色拉油+热水

4. 热水越热越好。
加入色拉油与热水。注意此处加入的并非白开水而是热水，因为热水更利于细砂糖的溶解。同时，热水能提高面团的温度，促使各种材料分子的活动更加活跃。加入热水以后，蛋白霜与面坯的混合会更顺畅。

5. 利用打蛋器将整体搅拌均匀。

加入粉类

6. 将事前过筛好的面粉加入到5中，同样利用打蛋器迅速搅拌。

7. 到看不见干粉的时候，就可以停止搅拌了。此处也应注意不要搅拌过度。

— column —

稀里哗啦流淌开来的面坯……失败

完成的面坯应该具备一定程度的形状保持能力以及弹性，而并非是可以从盆中倒到模型中的形态。如果面坯过分柔软，通常有以下几个原因。

①蛋白霜的泡沫打制方法欠佳

或者是由于打制泡沫的时间不够，或者是由于电动搅拌器的搅拌方法不得要领，因此，只得到了泡沫较少、过于柔软的蛋白霜。

②蛋白霜的泡沫过于丰富

打制泡沫的时间过长，蛋白霜就会在不知不觉间变得松散。如果这样，就会导致蛋白霜难以与面坯混合在一起，而蛋白霜里面还会出现很多的小硬块。另外，搅拌的次数过多，会使气泡容易破碎、面坯过度柔软。

③蛋白霜的温度过高

由于蛋白的温度不够低，蛋白霜在制作过程中温度上升，就会变得松散。这样我们就很难得到适当的气泡量。这与将蛋白霜混入面坯时泡沫过于丰富是同样的状态。

④蛋白霜放置时间过长。另外，将蛋白霜搅拌入面坯时的操作时间过长。

这也会导致蛋白霜变得松散，与②的状态相同。

解决的办法：应注意制作蛋白霜的方法和顺序。上述③中，可以在途中使用冰水降温。只要温度降到20℃以下，蛋白霜的性状就会趋于稳定。

制作蛋白霜

8. 在蛋白出现局部冰碴以后，将柠檬汁加入盆中。另外从28g的细砂糖中取1/2小茶匙，也加入盆中。尽可能在接近0℃的状态下开始打制泡沫。

9. 利用电动搅拌器的高速挡搅拌。叶片直立着快速旋转，持续搅拌2.5~3分钟。
叶片应不断地碰触盆侧壁，并发出敲击的声音。请注意此处不是仅在中心部搅拌，边缘处的蛋白霜也应该随着电动搅拌器的旋转随时被移动。蛋白霜的体积不断增加，电动搅拌器应一边从盆底部渐渐提升、一边旋转搅拌。

10. 搅拌2.5~3分钟以后，加入剩余的细砂糖，继续搅拌1~1.5分钟。

11. 加入剩余的细砂糖，继续打制泡沫。30秒钟以后，电动搅拌器的动作改为前后往返移动。此时，应该能够渐渐感受到蛋白霜的体积膨胀、并呈现出强韧度。然后伴随着右手的动作，左手开始逆时针慢慢地转动盆。此时应出现蓬松状的气泡。

12. 打制完成的泡沫呈现出美丽的光泽，而且状态紧致挺实。完成状态的蛋白霜也应在20℃以下。途中温度上升的话可以将盆垫在冰水上面进行冷却。这样才能确保蛋白霜完成时状态完好。
蛋白霜一经放置，很快会变得松散。所以其后的操作也应尽量迅速。

香草戚风蛋糕

将面坯与蛋白霜混合在一起

13. 从12的蛋白霜中取1/4，放到7的盆中，利用打蛋器迅速搅拌。变得顺滑以后利用橡皮刮刀清理盆的内壁（请参考P.67的内容），并将材料放回12的盆中。

14. 左手一边向身体侧拉盆，右手把橡皮刮刀从盆中心部向外侧斜划过来、再抬起。用这样画大圆的方式连续搅拌35~40次（戚风蛋糕的搅拌方法请参考P.12的内容）。理想状态为：基本看不到蛋白的硬块。这里的要点是：连续迅速搅拌。

15. 基本搅拌均匀以后，快速从盆的一端向另一端大幅度搅拌数次（杰诺瓦士搅拌方法，请参考P.13的内容）。最后清理附着在盆内壁上的面坯（请参考P.67的内容）。

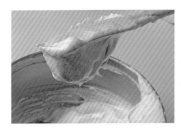

16. 至此，蓬松光亮的面坯完成。理想的硬度是用胶皮刮刀提起来倒扣，面坯也不会马上落下去的程度。
不可以是稀里哗啦流淌的面坯。

放入模型中

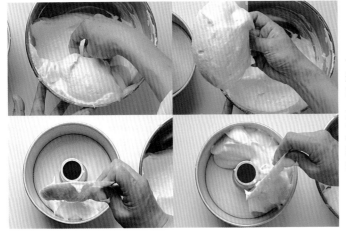

17. 用刮板平面的部分，盛起大块的面坯，送到模型底部。然后将刮板迅速提起来，将面坯自然地留在模型中。将接下来面坯挨着上一块的边缘部放下去，一边旋转模型一边重复该操作。

尽量不要在这个过程中给面坯表面留下伤痕。每次尽量多盛起一些面坯，减少盛面坯的次数。

18. 面坯的体积占模型的7~8分满最为理想。从两边拿起模型，快速旋转2~3次，使表面的面坯平整。

烘焙

19. 在预热至180℃的烤箱中烘焙约25分钟。

20. 蛋糕会膨胀得很高，达到高峰之后会慢慢下沉。当裂纹也出现烘焙色以后就可以出炉了。

21. 从烤箱中取出烘焙好的蛋糕，马上将模型倒扣在冷却网上使其完全冷却。

香草戚风蛋糕

脱模

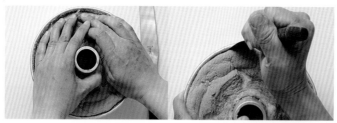

22. 脱模，从模型中取出蛋糕。先用手从蛋糕顶部轻压，使蛋糕侧面脱离模型。然后把刮刀伸进模型和蛋糕中间，绕一圈。继续用刮刀伸入蛋糕和模型底板之间，沿着模型周边10cm、10cm地慢慢移动、旋转一周。旋转方向根据个人方便用力的方向即可。途中若感觉遇到了障碍，可以先将刮刀抽出来。如果勉强向前，恐怕会破坏蛋糕表面的平滑度。刀尖在移动的过程中，应该始终保持接触到模型底部。

23. 将刮刀插入模型底板和蛋糕之间，慢慢旋转模型一周。对于中心部位，也可以利用刮刀垂直插入。5次左右即可脱模。

脱模以后，模型内壁上仍然会有蛋糕屑残留。可以利用刮板轻轻刮取，非常方便。

— column —

制作原创戚风

以基本款戚风为基础，还可以根据个人喜好做出其他原创蛋糕。

添加的材料可以为液体、油料、粉类、固体物等各种各样的东西。但基本上都需要在加入蛋白霜之前混合在蛋黄面坯中。

但若想混合出纹理效果，或者加入的素材具有消泡作用时，还是需要最后加入，并需要轻轻搅拌。

为了更好地发挥出戚风蛋糕原本应该具备的味道，请不要擅自变更加入到蛋白中的砂糖分量。

水可以变为其他液体（牛奶、果汁），色拉油也可以变为芝麻油，还可以用芝士、全粒粉或豆粉代替小麦粉。通过这样的简单置换，就能做出各种各样的花样蛋糕。甜味可以通过加入蛋黄中的砂糖分量来调节。原则上，在指定配方基础上可以做出10%左右的浮动。

2. 香草戚风蛋糕的花样创作 ▶ DVD

材料 淡奶油（乳脂肪含量45%）······ 150g
　　　 细砂糖（细粒）·················· 9g
　　　 肉桂粉·························· 适量

刮刀的使用方法
从上面拿起刮刀，食指抵在刀刃上。请灵活运用左右双刃进行涂抹。

1. 将细砂糖加入到淡奶油中，打制到8分发。

2. 将戚风蛋糕放置在转台上，盛起打发好的淡奶油放在蛋糕上面。

3. 用刮刀把奶油表面整理平整。最上面边缘处的打发淡奶油可以略超出蛋糕体。

4. 一边转动转台，一边用刮刀做出波纹花瓣效果。

5. 完成。根据个人口味撒一些调味肉桂粉。

香草戚风蛋糕

基本的戚风蛋糕应用

创作蛋糕

　　掌握了最基本的香草戚风蛋糕以后，就可以挑战多种多样的蛋糕了。例如充分搅拌面坯的夹心蛋糕，有在面坯中加入了果汁与柳橙果粒的柳橙戚风、加入了粗粒香辛料魅力四溢的椒盐戚风、做出了纹理效果的盐香戚风等。考虑到各种材料的形状与性质，加入的时间也不尽相同。请逐一理解，享受制作蛋糕的快乐吧。

arrangement 1 omelette cake **夹心蛋糕**

利用广受好评的戚风蛋糕面坯，来制作这款夹心蛋糕吧。

在最后混合戚风蛋糕的面粉的阶段，应该多搅拌10~20次。因为我们所需要的是更为柔软的面坯。

然后把面坯挤在烤盘上，用勺子将其整理成长条。相对烘焙的时间较短。

即使是因为搅拌过度而失败的戚风蛋糕面坯，也能做成这款点心。如果有机会，请一定尝试一下。

材料（完成直径14cm 8个分）

蛋黄	45g
细砂糖（细粒）	48g
香草豆荚	1/8个
色拉油（油菜子油）	28g
热水	48g
低筋面粉	65g
泡打粉	2g
蛋白霜	
蛋白	90g
柠檬汁	小茶匙1/4
细砂糖（细粒）	28g
完成时需要	
淡奶油（乳脂肪45%）	320g
细砂糖（细粒）	18g
莓类水果(草莓、蓝莓、树莓等)	适量
糖粉	适量

事前准备

- 将盆中的蛋白放入冷冻室内，直到局部开始出现冰碴为止。
- 在烤盘上铺好烘焙纸，然后把直径为12cm的圆形纸片摆在烘焙纸上。每一张烤盘上可以摆4张纸片×2列。
- 在裱花袋上装配好10mm的裱花口。
- 粉类制品应事先过筛准备好。
- 烤箱预热（烘焙温度为180℃）。

制作流程

把细砂糖加入蛋黄中共同搅拌
加入色拉油+热水
加入面粉类
制作蛋白霜
将蛋黄面坯与蛋白霜混合在一起
挤出面坯
烘焙
夹入打发好的淡奶油、水果，完成

> 制作方法的流程（棕色字部分），与基本的戚风蛋糕做法相同。本款点心的搅拌次数要增加10~20次。然后将面坯挤出进行烘焙。

制作面坯

1. 面坯制作方法与香草戚风的制作方法相同（请参考P.17的内容）。搅拌次数比香草戚风多10~20次，成为更加柔软的面坯。

将面坯倒入裱花袋

2. 左手打开已经装配好了裱花嘴的裱花袋，然后将面坯倒入裱花袋。体积占到裱花袋的3/5即可。然后换右手拿裱花袋，左手扶在裱花嘴上。

挤出面坯

3. 在烤板上铺好圆形的烘焙纸，右手一边挤压裱花袋一边将面坯呈旋涡状挤出来。如果挤出面坯的操作比较困难，用橡皮刮刀平铺出圆形的面团亦可。

烘焙

4. 用滤网把糖粉撒在面坯表面，放入180℃的烤箱中烘焙13~15分钟。

5. 烘焙结束后，从烤盘上取下。但是不要剥掉底面的圆形纸，放在冷却网上散热。别忘了在上面盖一条毛巾，防止点心干燥。

完成

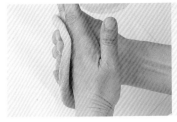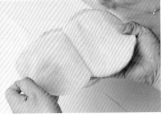

6. 把手掌垫在中间、从下面折上来，制造出曲线。剥离圆形纸片。

7. 上面抹上加入了细砂糖、搅拌至8分发的淡奶油。每片点心使用30g左右。

8. 把草莓等水果放在上面，另外再抹上约20g打发好的淡奶油。

9. 掌握好平衡、对折。

下一个挑战——蛋糕塔

将夹心蛋糕的面坯层层叠在一起。中间的奶油可以为打发好的淡奶油或卡仕达酱，上面可以添加任何您喜欢的坚果或水果。

夹心蛋糕

将颗粒与粉末相结合的自制香料（香辛料）混合在面坯中，调和出纹理的模样。纹理的模样意味着，不同的地方香辛料的浓淡也会发生变化。这种能够让大家品尝到香辛料本来味道的蛋糕，要点全部集中在搅拌的手法上。

本书中介绍的均为黄金香辛料比例。大家可以以此为基础、根据个人喜好调配出不同的口味。

arrangement 2 spice chiffon cake
浓香戚风蛋糕

材料（直径17cm戚风模型1个份）		
蛋黄	45g	
细砂糖（细粒）	43g	
色拉油（油菜子油）	28g	
热水	53g	
低筋面粉	60g	
泡打粉	2g	
蛋白霜		
蛋白	90g	
柠檬汁	小茶匙1/4	
细砂糖（细粒）	28g	

调味粉 ······ 10g

比例
- 桂皮2.5
- 姜粉2
- 肉豆蔻1
- 丁香1
- 茴香1

*推荐使用绿色茴香。但普通的茴香亦可。

> 制作方法的流程（棕色字部分），与基本的戚风蛋糕做法相同。调味粉最后加入准备好的面坯中即可。另外，增加的调味粉的分量，应从低筋面粉中取出。同时通过热水的增减，调整最后完成面坯的软硬程度。

事前准备

- 将盆中的蛋白放入冷冻室内，直到局部开始出现冰碴为止。
- 粉类制品应事先过筛准备好。
- 烤箱预热（烘焙温度为180℃）。

制作流程

准备调味粉

把细砂糖加入蛋黄中共同搅拌

加入色拉油+热水

加入面粉类

制作蛋白霜

将蛋黄面坯与蛋白霜混合在一起

加入调味粉

倒入模型中

烘焙

准备调味粉

1. 将香辛料混合在一起。肉豆蔻和姜打成碎末放入盆中。敲打丁香，使其碎块尽量细小。另外，准备桂皮和茴香粉备用。亦可选择使用姜粉。

加入调味粉

3. 继续大幅度地搅拌10次左右，将调味粉搅拌出纹理状。
此处如果搅拌过度，调味粉就会均匀地混合到面坯中，致使味道趋于平淡。所以应当注意不要过度搅拌。

2. 面坯的制作过程与香草戚风的2~14步骤相同。将蛋黄面坯与蛋白霜混合在一起，搅拌35次左右（请参考P.12的内容），直至其均匀。然后加入调味粉。

倒入模型

4. 之后也与制作香草戚风的过程一样，将完成后的面坯倒入模型中，放入180℃的烤箱中烘焙25分钟。烘焙结束后从烤箱中取出，倒扣过来直至其完全冷却。

浓香戚风蛋糕

arrangement 3 orange chiffon cake

柳橙戚风蛋糕

　　柳橙的清香，在柳橙皮中蕴含得最为丰富。挤出柳橙汁后加以熬制，然后再添加香料和大量的柳橙果粒，绝对可以用来做出一款难得的柳橙风戚风蛋糕。

材料（直径17cm戚风模型1个份）

蛋黄	45g	柳橙皮	1个份
细砂糖（细粒）	40g	柳橙果粒	45g
色拉油（油菜子油）	28g	柠檬汁	5g
柳橙果汁		**蛋白霜**	
60~65g（熬制之后48g）		蛋白	90g
低筋面粉	65g	柠檬汁	小茶勺1/4
泡打粉	2g	细砂糖（细粒）	28g

事前准备

·将盆中的蛋白放入冷冻室内，直到局部开始出现冰碴为止。

·粉类制品应事先过筛准备好。　·烤箱预热（烘焙温度为180℃）。

制作流程

准备添加物

把细砂糖加入蛋黄中共同搅拌

加入色拉油+柳橙果汁

加入柳橙皮

加入面粉类

加入柳橙果粒

制作蛋白霜

将蛋黄面坯与蛋白霜混合在一起

倒入模型中

烘焙

制作方法的流程（棕色字部分），与基本的戚风蛋糕做法相同。此款点心中使用的液体为柳橙果汁和柠檬汁。作为添加物，应在加入蛋白霜之前加入柳橙皮与柳橙果粒。

准备添加物

1. 将柳橙干洗干净，擦干水分之后切成5mm左右的小块。

2. 将柳橙皮洗干净，削成碎末。

3. 打出柳橙果汁，过滤后上火加热。称量出48g的分量。冷却之后再加温使用。

加入色拉油+柳橙果汁

4. 与制作香草戚风的时候一样，现将蛋黄与细砂糖混合在一起。然后将色拉油、温热的柳橙果汁、柠檬汁加入到蛋黄中。

加入柳橙皮调味粉

5. 加入柳橙皮，继续搅拌均匀。

加入粉类

加入柳橙果粒

6. 一次性加入所有过筛后的面粉，利用打蛋器迅速搅拌。生粉完全消失以后，加入柳橙果粒，大致搅拌一下即可。

7. 之后与制作香草戚风的8~23步骤相同。左侧照片为面坯完成时的状态。

柳橙戚风蛋糕

arrangement 4 banana coconut chiffon cake

香蕉椰香戚风蛋糕

　　物如其名，只需一口就能感受到香蕉与椰子的味道和香气溢满整个口腔。两种味道和谐顺畅，洋溢着浓郁的热带风情。

　　椰蓉的颗粒感是这款点心的亮点，但由于添加物中含有的油分较大，蛋白霜很容易破碎。所以在加入蛋白霜以后，应该格外注意搅拌的手法。

材料（直径17cm戚风模型1个份）			
蛋黄	45g	柠檬汁	6g
细砂糖（细粒）	40g	椰蓉	30g
色拉油（油菜子油）	28g	**蛋白霜**	
椰奶	50g	蛋白	90g
低筋面粉	60g	柠檬汁	小茶勺1/4
泡打粉	2g	细砂糖（细粒）	28g
香蕉	84g		

制作流程

准备添加物
把细砂糖加入蛋黄中共同搅拌
加入色拉油+椰奶
加入面粉类
加入香蕉
制作蛋白霜
将蛋黄面坯与蛋白霜混合在一起
加入椰蓉
倒入模型中
烘焙

事前准备

·将盆中的蛋白放入冷冻室内，直到局部开始出现冰碴为止。
·粉类制品应事先过筛准备好。　·烤箱预热（烘焙温度为180℃）。

制作方法的流程（棕色字部分），与基本的戚风蛋糕做法相同。此款点心中使用的液体为椰奶。作为添加物，应在加入蛋白霜之前加入香蕉，但是椰蓉应在蛋白霜之后加入。

准备添加物

1. 剥掉香蕉皮，用叉子把香蕉大致按碎。
请选择已经完全成熟，正适合食用的香蕉。

2. 把香蕉放入盆中后加入柠檬汁。

加热椰奶

3. 将椰奶放入小锅内，上火加热。刚刚出现沸腾气泡时关火。

加入椰奶+色拉油

4. 首先将蛋黄与细砂糖搅拌混合在一起。然后加入3中加热好了的椰奶和色拉油。

加入粉类、香蕉

5. 加入面粉迅速搅拌。生粉完全看不见时，可以加入香蕉粗略搅拌。然后按照香草戚风中介绍过的方法制作蛋白霜。
注意不要过度搅拌蛋白霜。因为稍后加入椰蓉后，泡沫会很容易消失。

加入椰蓉

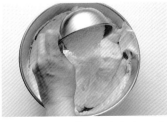

6. 第一次向蛋黄面坯中加入1/4分量的蛋白霜时，建议使用效率较高的橡皮刮刀进行搅拌。然后将面坯全部倒入蛋白霜中，进行戚风搅拌（请参考P.12的内容）。最后加入椰蓉。
椰蓉中含有的油分会使蛋白霜中的泡沫更容易破碎。所以最后加入椰蓉才能将失败率降至最低。

7. 大幅度搅拌10次左右即可结束。然后按照制作香草戚风的方法入模、在180℃的烤箱中烘焙约27分钟。烘焙完成之后从烤箱中取出，立即倒扣过来直到其完全冷却。
由于加入了椰蓉，所以烘焙时间略长于香草戚风所需的时间。

香蕉椰香戚风蛋糕

arrangement 5 salt caramel chiffon cake

海盐枫糖戚风蛋糕

首先，需要做出包含淡奶油醇香和香浓咸口的枫糖糖浆。加入枫糖的时候也有要领。如果加得过多，稍后与面坯融合在一起的时候就很难形成纹理，导致整体味道平淡无奇。同时，枫糖的味道也会很淡薄。

所以，我们应该混合出纹理模样、调理出浓淡相间的味道，让蛋糕张弛有度。

枫糖较浓的部分会出现孔洞，这里才是美味的要点。

材料（直径17cm戚风模型1个份）	
蛋黄	45g
细砂糖（细粒）	40g
色拉油（油菜子油）	28g
热水	48g
低筋面粉	65g
泡打粉	2g
咸口枫糖糖浆	
细砂糖	45g
热水	32g
淡奶油	25g
盐	1.2g
蛋白霜	
蛋白	90g
柠檬汁	小茶匙1/4
细砂糖（细粒）	28g

事先准备

·将盆中的蛋白放入冷冻室内，直到局部开始出现冰碴为止。
·粉类制品应事先过筛准备好。
·烤箱预热（烘焙温度为180℃）。

制作流程

制作咸口枫糖糖浆
把细砂糖加入蛋黄中共同搅拌
加入色拉油+热水
加入面粉类
制作蛋白霜
将蛋黄面坯与蛋白霜混合在一起
加入咸口枫糖糖浆
倒入模型中
烘焙

制作方法的流程（棕色字部分），与基本的戚风蛋糕做法相同。在此我们首先介绍咸口枫糖糖浆的制作方法，但应在最后环节加入咸口枫糖糖浆。

制作枫糖糖浆

1. 在小锅中放入35g细砂糖，上火加热。

2. 糖烧焦以后加入热水搅拌，熔化。然后加入淡奶油继续加热。

3. 沸腾以后，加入剩余的细砂糖、盐。适当搅拌后停火，整锅状态冷却至30℃。
锅的大小不同，糖浆的凝固方法也会出现差距。温度降到与人的体温相同时，应为黏稠的糊状。如果过于坚硬，说明热水太少。此时，应当再加入一些热水进行调节。

海盐枫糖戚风蛋糕

加入咸口枫糖糖浆

4. 面坯的制作过程与香草戚风的2~14步骤相同。首先将4/5的糖浆加到面坯中。

5. 利用杰诺瓦士搅拌方法（请参考P.13的内容）搅拌大约10次以后，再混入咸口枫糖糖浆。然后不要整体搅拌，刻意留出味道的浓淡变化。

需要注意的是，如果有液体（糖浆）大团残留，烘焙之后就会出现大块的孔洞。所以要小心不要留下大团的液体。

6. 将面坯倒入模型中，然后加入剩余的糖浆。我们为了制作出糖浆浓厚的部分，应最后把糖浆倒在面坯上面。

7. 使用橡皮刮刀大幅度地搅拌几下，在面坯中划出纹理模样。要小心别让大团的糖浆结块。之后，按照烘焙香草戚风的步骤，在180℃的烤箱中烘焙25分钟。烘焙结束后从烤箱中取出，立即倒扣过来直至其完全冷却。

 海盐枫糖戚风蛋糕

Biscuit 创意蛋糕

　　这里用的是蛋白霜与其他材料混合在一起，面坯分开来搅拌的点心做法。搅拌方法基本与戚风蛋糕的方法相同，但是由于直接加入面粉，所以搅拌的速度应有所降低。本书中希望通过对这种搅拌方法的介绍，让大家了解到戚风搅拌的不同应用。

　　首先，请掌握质地敦厚的磅蛋糕与杏干蛋糕的做法吧。

　　DVD中也相应地介绍了蛋白霜的制作方法以及搅拌方法。请仔细观看，认真学习。

杏干蛋糕　apricot cake ▶ DVD

　　我们可以把从黄油开始制作的磅蛋糕分为两种。一种是共同搅拌（加入整个鸡蛋）的蛋糕，另一种是分别搅拌（蛋黄和蛋白分别加入）的蛋糕。

　　在黄油中混入砂糖，然后向蛋黄面坯中加入蛋白霜和面粉。首先，就让我们来制作这种分别搅拌的磅蛋糕——杏干蛋糕吧。

　　与共同搅拌制作的蛋糕相比，这种蛋糕的特征是更容易咬碎，而且入口即化。另外，面坯中加入的牛奶和淡奶油会赋予蛋糕更深层次的细腻感。

　　蛋白霜中细砂糖的分量约为蛋白的1/2，这样才能做出紧致硬实的蛋白霜。另外，蓬松的蛋白霜状态尚不理想。应该与面粉混合后，一直搅拌到紧致、有光泽为止。在这里，我们要尝试做出很多蛋白霜的泡沫与小麦粉的小犄角。

　　蛋黄面坯与蛋白霜、面粉混合的时候，最初可以使用戚风搅拌的方式慢慢地搅拌。这就应用到了橡皮刮刀切入到面粉与蛋白霜中的搅拌方法。其次，要更换成杰诺瓦士搅拌方法，即利用橡皮刮刀的平面大幅度地搅拌。具体操作请在DVD中仔细观看。

材料（直径17cm花朵形状模型1个份）

无盐黄油（发酵）……110g	泡打粉……3g	**糖水杏干**	
细砂糖（细粒）……70g	糖水杏干……120g	干杏干……200g	
蛋黄……40g	**蛋白霜**	水……100g	
淡奶油……40g	蛋白……80g	细砂糖……70g	
牛奶……20g	细砂糖（细粒）……40g	*制作方法请参考P.41的内容。	
低筋面粉……140g			

事前准备
· 将盆中的蛋白放入冷冻室内冷藏。
· 蛋黄恢复至室温水平。
· 用刷子蘸软化黄油（分量外），均匀涂抹在模型内面。用高筋面粉（分量外）蘸满模型内面，抖掉多余的面粉。
· 黄油恢复至室温水平，到用手指按压能够穿透的程度即可。
· 粉类制品应事先筛准备好。
· 烤箱预热（烘焙温度为180℃）。

制作流程

准备添加物
↓
利用黄油与细砂糖打制泡沫
↓
加入蛋黄
↓
加入淡奶油+牛奶
↓
制作蛋白霜
↓
加入蛋白霜、面粉类
↓
加入糖水杏干
↓
倒入模型中
↓
烘焙

准备添加物

1. 用厨房纸巾轻轻擦去糖水杏干表面的液体，切成5mm左右的小块。
此处若不擦干净表面的液体，稍后的时候多余的液体就会被带入到面坯中，难以形成质地均匀的材质。

利用黄油与细砂糖打制泡沫

2. 把黄油放入盆中，加入细砂糖，一边用橡皮刮刀按压一边搅拌。

3. 砂糖完全溶化不见以后，利用电动搅拌器的高速挡，打制泡沫4.5~5分钟。

4. 搅拌到发白、蓬松、包含了很多空气的状态时，搅拌结束。

加入蛋黄

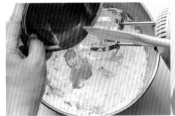 

5. 将恢复至室温的蛋黄分成2份，逐次加入。每次加入蛋黄后，同样用电动搅拌器的高速挡打制泡沫约1.5分钟。

加入淡奶油+牛奶

6. 将淡奶油与牛奶混合在一起，温度调节至20℃左右，然后分2份加入面坯中。每次加入后高速打泡1.5分钟。
请注意，应始终保持盆中间的温度在20℃左右。

7. 呈现出均匀的发泡状态。

8. 整理盆的侧壁，将材料集中到盆的中心部（请参考P.67的内容）。

杏干蛋糕

制作蛋白霜

9. 向在冷藏室冷却好的蛋白中加入1/2小茶匙的细砂糖，然后高速搅拌1.5~2分钟。打至9分发程度。加入剩余砂糖的一半分量，继续打发1分钟。加入最后一份细砂糖，打发1分钟。电动搅拌器的使用方法与制作戚风蛋糕时相同（请参考P.8的内容）。

10. 蛋白霜的完成状态。
有光泽，能看到挺实的小犄角。但是要比戚风蛋糕更柔软一些。

加入蛋白霜、面粉类

11. 向8的蛋黄面坯中加入1/3左右的蛋白霜。

12. 按照戚风搅拌的手法搅拌15~20次（请参考P.12的内容）。

13. 取一半分量的面粉，筛入盆中。

14. 使用戚风搅拌的方式，将橡皮刮刀从盆中心部向外侧搅拌15~20次左右（请参考P.12的内容）。

15. 看不见干粉以后，加入剩余的一半蛋白霜。按照戚风搅拌的方式搅拌20次左右（请参考P.12的内容）。

16. 接下来，加入剩余的面粉，用同样方法搅拌15~16次。在干粉没有消失之前，加入剩余的蛋白霜，用同样方法搅拌20次左右。

17. 蛋白霜全部看不见以后，换成杰诺瓦士搅拌法（请参考P.13的内容）搅拌50~60次。为制作出完全均匀的面坯，从加入面粉开始大概需要搅拌120~130次。

糖水杏干

1. 将杏干洗干净以后放入锅中，加入没过杏干的水，大火加热。沸腾以后变成小火继续煮2~3分钟。

2. 在杏干尚未完全变软的时候加入细砂糖。

3. 再次沸腾以后继续煮1~2分钟，然后关火。冷却后带汤倒入密封容器中放进冷藏室保存。

杏干蛋糕

加入糖水杏干

18. 将糖水杏干撒到面坯中。

19. 利用杰诺瓦士搅拌法（请参考P.13的内容），搅拌10~20次，使杏干均匀散布到面坯中。

倒入模型

20. 倒入模型。

21. 使用橡皮刮刀从中心部向外整理面坯形状，使表面平整。但同时需要中心部略微凹陷。

烘焙

22. 在180℃的烤箱中烘焙50分钟左右。烘焙结束后蛋糕与模型之间会出现缝隙。迅速脱模，在架子上初步冷却。可以根据个人喜好在蛋糕中心撒适当的糖粉。

杏干蛋糕

基本的创意蛋糕应用
创作蛋糕

　　完成了杏干蛋糕以后，还可以灵活使用戚风搅拌方法制作各种各样的蛋糕。点心不一样，需要的蛋白霜性质、搭配也不一样，所以需要我们根据不同的蛋糕种类制作与其搭配的蛋白霜。焦糖苹果蛋糕与杏干蛋糕的面坯相同。仅利用面粉和鸡蛋制作的点心、松饼蛋糕、含有杏仁粉的费南雪所需的蛋白中，砂糖分量占一半，完成体的蛋白霜泡沫紧致。而舒芙蕾芝士蛋糕所需的蛋白霜中，砂糖的成分就占了6成，蛋白霜的质地更为细腻顺滑。舒芙蕾芝士蛋糕的具体做法可以参考DVD中的内容。

焦糖苹果蛋糕

　　把焦糖倒入模型中，再铺上苹果片，最后倒入面坯进行烘焙。烘焙之后的蛋糕正好上下颠倒，如果能够完美地实现苹果脱模，就可以拍手庆祝了！酸甜的水果与黄油的搭配，是不是很有食欲啊。

　　还可以使用其他水果如香蕉制成香蕉蛋糕。

材料（直径18cm圆形模型1个份）	
无盐黄油（发酵）	110g
细砂糖（细粒）	70g
蛋黄	40g
淡奶油	40g
牛奶	20g
低筋面粉	145g
泡打粉	3g
肉桂粉	$2\frac{1}{2}$小茶匙
苹果	中等大小2个
焦糖糖浆	
细砂糖	60g
无盐黄油（发酵）	23g
热水	20g
蛋白霜	
蛋白	70g
细砂糖（细粒）	35g

事前准备

· 将盆中的蛋白放入冷冻室内冷藏。
· 蛋黄恢复至室温水平。
· 在模型内面涂抹黄油（分量外）。
· 黄油恢复至室温水平，到用手指按压
　能够穿透的程度即可。
· 粉类制品应事先过筛准备好。
· 烤箱预热（烘焙温度为180℃）。

制作流程

准备添加物

制作焦糖糖浆

将糖浆、苹果放入模型

利用黄油与细砂糖打制泡沫

加入蛋黄

加入淡奶油+牛奶

制作蛋白霜

加入蛋白霜、面粉类

倒入模型中

烘焙

准备添加物

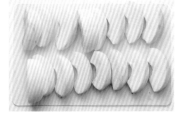

1. 苹果2个，去核。
分别如左图样子分
成8等份。
建议使用略有酸味
的富士苹果。

制作方法的流程（棕色字部分），与
杏干蛋糕的做法相同。在此我们介绍
焦糖糖浆的做法与将面坯倒入模型中
的顺序。

制作焦糖糖浆

2. 在锅中放入细砂糖，熔化后关火加入热水。

3. 马上加入黄油进行搅拌。

将焦糖糖浆和苹果片放入模型中

4. 焦糖糖浆倒入模型中，然后按
左图方式把苹果铺在模型底部。
剩余的苹果切成2~3cm的小块。

焦糖苹果蛋糕

完成面坯制作

5. 按照杏干蛋糕的2~17步骤，完成面坯制作。

将面坯倒入模型中

6. 先利用橡皮刮刀将一半分量的面坯放入模型中，大致整理表面后，在上面撒上1.5小茶匙的肉桂粉。

7. 加入剩余的面坯，将表面整理平整。

8. 4中剩余的苹果块按压在表层上面，然后撒上剩余的肉桂粉。

9. 旋转模型，用橡皮刮刀整理表面形状。不需要过分平滑。

烘焙

10. 在180℃的烤箱中大约烘焙50分钟。

11. 烘焙结束以后，静置2~3分钟使面坯沉下去。

12. 脱模。
在11中静置之后，应立即脱模。从烤箱中取出5分钟以后，焦糖就会开始固化难以脱模。这时候可以从模型底部上火加热，待焦糖熔化以后即可脱模。如果次日食用，可以用保鲜膜把模型和蛋糕都包好后放入冰箱冷藏。食用前从模型底部上火加热，待焦糖熔化以后即可脱模食用。

焦糖苹果蛋糕

arrangement ② biscuit cake

松饼蛋糕

仅用鸡蛋和面粉制作的松饼，由于其浓郁的鸡蛋香味以及松软的口感而别具魅力。蛋白霜中的细砂糖含量仅占蛋白的一小半，因此蛋白霜本身也格外轻盈。

蛋白霜和面粉在蛋黄面坯中互相交融，可以使用戚风搅拌的方法（请参考P.12的内容）。然后利用橡皮刮刀迅速地将面坯放在烤盘上烘焙即可完成，过程比较简单。如果中间再夹上卡仕达酱，会很有怀旧情调呢。

材料（完成时直径12cm×2个份）			
蛋黄·····························32g		蛋白霜	
细砂糖（细粒）··················22g		蛋白························60g	
香草豆荚·····················1/8根		细砂糖（细粒）·············25g	
低筋面粉························45g			
糖粉、低筋面粉（完成时使用）···各少量			

事前准备
· 将盆中的蛋白放入冷冻室内冷藏。
· 在烤盘上铺好烘焙纸，然后把直径为10cm的圆形纸片摆在烘焙纸上。每一张烤盘上可以放4张纸片×2列。
· 粉类制品应事先过筛准备好。
· 纵向将香草豆荚分为两半，利用刀背取出香草子。
· 烤箱预热（烘焙温度为180℃）。

制作流程

在蛋黄中加入香草子与细砂糖进行搅拌

制作蛋白霜

将蛋黄面坯与蛋白霜混合在一起

加入面粉类

面坯塑形

烘焙

在蛋黄中加入香草子与细砂糖进行搅拌

1. 把蛋黄放在小盆中打散，然后加入细砂糖和香草子。利用电动搅拌器高速挡打制2~3分钟泡沫。
搅拌器的叶片应垂直于小盆的底面，大幅度旋转搅拌。

2. 直到蛋黄整体开始变白，提起以后能在蛋液表面留下痕迹的状态即可。

松饼蛋糕

制作蛋白霜

3. 向冷却好了的蛋白中加入1/2小茶匙细砂糖，利用电动搅拌器高速挡打制约2分钟。

4. 1~1.5分钟的时候，蛋白霜开始体积膨胀。出现坚挺的泡沫以后，加入剩余细砂糖的一半。

5. 继续搅拌约1分钟。将剩余的细砂糖全部加入，再搅拌1分钟。

6. 蛋白霜打制完成。此时，应该已经出现了紧致挺实的泡沫。

将蛋黄面坯与蛋白霜混合在一起

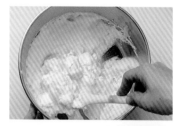

7. 将6一次性加入到2中。

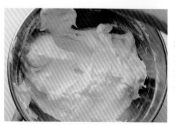

8. 使用戚风搅拌方法（请参考P.12的内容），利用橡皮刮刀从盆中心向外侧搅拌20次左右。每次搅拌后，均用左手沿逆时针方向旋转小盆60°。

加入面粉

9. 在还能隐约见到蛋白的时候，就应开始一边过筛一边加入面粉了。

10. 利用搅拌，使用戚风搅拌（请参考P.12的内容）的方法搅拌30~35次。

11. 直到看不见干粉的时候，再继续搅拌5~6次，形成有弹性的面坯。
请注意不要搅拌过度。

面坯塑形

12. 盛起面坯，均匀地分摊在4枚圆形的纸片上。

13. 用刮刀轻轻整理表面。即使稍微有点棱角也没有关系。

14. 在面坯的表面筛上一些糖粉，然后再撒上一些低筋面粉。
撒上一些低筋面粉的目的是防止出现过度的烘焙色。

松饼蛋糕

烘焙

15. 在180℃的烤箱中烘焙15~20分钟。

16. 烘焙结束后放在冷却网上冷却。

完成

17. 冷却以后，用刷子除去表面多余的面粉。
在食用之前，都不要剥掉纸。

18. 再次用橡皮刮刀均匀搅拌卡仕达酱（请参考P.51的内容），使其更加柔软。

19. 剥掉松饼上面的纸。把其中2张松饼翻过来，在底面上分别涂上一半分量的卡仕达酱，用橡皮刮刀轻轻舒展开。

20. 与另外一张松饼合在一起，轻轻按一按。

卡仕达酱的制作方法

材料

牛奶	180g
淡奶油	45g
细砂糖	32g
蛋黄	50g
低筋面粉	10g
玉米淀粉	3g
无盐黄油（发酵）	5g

制作流程

加温牛奶与淡奶油
在蛋黄中加入细砂糖进行搅拌
加入面粉类
在蛋黄面坯中加入牛奶
过滤后倒回锅中
点火加热，同时搅拌
加入黄油
垫在冰水上冷却

1. 把牛奶和淡奶油放入锅中加温。

2. 把蛋黄、细砂糖放入盆中，用打蛋器滑动搅拌。

3. 加入过筛后的面粉，搅拌至整体顺滑。

4. 1沸腾以后，一次性加入3的材料。

 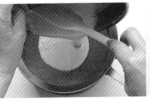 

5. 利用打蛋器迅速搅拌，然后过滤后倒回锅中。

6. 中火加热，一边用打蛋器搅拌一边加热。开始凝固以后更要迅速地使用打蛋器搅拌，使其顺滑流畅。关小火，换成橡皮刮刀继续搅拌2分钟。

7. 盛起酱料时，可以看到黏稠的感觉和表面的光泽即可。

8. 加入黄油，利用余热使其熔化。

9. 完成。转移至盆中，垫在冰水上冷却。偶尔搅拌一下促进其冷却效果。完全冷却后表面覆盖保鲜膜放入冰箱冷藏。请尽量在制作当天食用。

松饼蛋糕

费南雪蛋糕
arrangement 3 gâteâu financier

在这里，我们介绍一款与众所周知的船形费南雪略有区别的点心。因为在混合了杏仁粉与蛋白霜以后，又加入了熔化的黄油，所以味道比较浓厚。蛋白霜中使用的细砂糖分量为蛋白的一半，所以泡沫充分紧致。

本书中使用的是圆盘模型，所以蛋糕本身比较厚重。因此稍过几天也不会变硬，而且味道耐人回味。

材料（直径12cm圆盘模型3个份）	
无盐黄油（发酵）	83g
香草豆荚	多于1/3个
杏仁粉	147g
糖粉	80g
低筋面粉	55g
杏仁切片	适量
蛋白霜	
蛋白	123g
细砂糖（细粒）	60g

事前准备

· 将盆中的蛋白放入冷冻室内冷藏。
· 用刷子蘸软化黄油（分量外），均匀涂抹在模型内面，然后贴上杏仁切片。
· 粉类制品应事先过筛准备好。
· 烤箱预热（烘焙温度为180℃）。

熔化黄油、加入香草子

1. 熔化黄油，从香草豆荚中取出香草子，放入黄油中。保持50℃左右的温度。

制作流程

熔化黄油，加入香草

制作蛋白霜

加入面粉类

按照戚风搅拌方式搅拌

加入熔化了的黄油、香草子

倒入模型中

烘焙

制作蛋白霜

2. 制作蛋白霜。把1/2小茶匙的细砂糖加入到冷却好了的蛋白中，然后利用电动搅拌器高速挡打制泡沫。

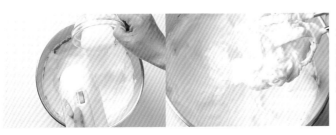

3. 大约1.5分钟以后，约打至9分发。加入剩余的细砂糖的一半，继续搅拌1分钟。然后把剩余的砂糖全部加进去，继续搅拌1分钟。此时，蛋白霜应该已经紧致坚挺了。

费南雪蛋糕

加入粉类

按照戚风搅拌的方式搅拌

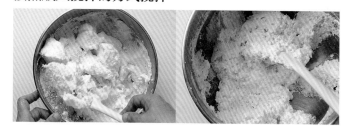

4. 把粉类与糖粉加到3的蛋白霜中，按照戚风搅拌的方法（请参考P.12的内容）进行搅拌。

5. 大约20次以后，就基本看不到干粉了。变换成戚风搅拌的方式（请参考P.12的内容），继续搅拌30次左右。

加入熔化黄油、香草

6. 加入1中熔化了的黄油和香草子，按照杰诺瓦士搅拌的方法（请参考P.13的内容），大幅度搅拌30次左右。

7. 直到面坯成为松软、略有黏性的状态时，即可结束搅拌。

倒入模型

8. 倒入模型时，要每次均匀倒入170g。

9. 一边旋转模型，一边用橡皮刮刀从中心向外整理表面状态。中心部应略微凹陷。

烘焙

10. 在180℃的烤箱中烘焙35分钟。

11. 烘焙结束后，暂时放在冷却架上冷却。冷却后再脱模。

舒芙蕾芝士蛋糕

舒芙蕾芝士蛋糕 ▸ (DVD)

把在火上加热后的蛋黄面坯与蛋白霜加到大量的奶油奶酪中。做成松软润滑、浓香可口的芝士蛋糕。

这款点心的蛋白霜中所含的细砂糖含量是本书中最多的，因此气泡细腻、色泽光鲜、富有力量。

同时，蛋白霜还需要具备充分的柔软度。所以为防止蛋白霜搅拌过度，应在打制泡沫时使用电动搅拌器的中速挡。隔水慢慢烘焙，然后就可以品尝到独特的味道了。

材料（直径18cm×深度7cm，不可脱底的不锈钢圆形模型1个份）			
奶油奶酪	300g	（蛋白霜）	
无盐黄油（发酵）	45g	蛋白	95g
蛋黄	57g	细砂糖（细粒）	55g
细砂糖（细粒）	20g		
玉米淀粉	11g		
牛奶	150g		

事前准备

· 将盆中的蛋白放入冷冻室内冷藏。
· 在模型侧面铺好烘焙纸。烘焙纸底部折出弯度，一直铺到模型底面，高度应高出模型1cm左右。然后在模型底部铺上圆形烘焙纸。
· 黄油热水加热、熔化。制作出熔化黄油。
· 玉米淀粉应事先过筛准备好。
· 烤箱预热（烘焙温度为170℃）。

制作流程

↓
事前准备奶油奶酪
制作基础蛋奶糊
制作芝士面糊
制作蛋白霜
将蛋白霜加到奶酪面坯中
倒入模型中
烘焙
用余温继续烘焙

事前准备奶油奶酪

1. 把奶油奶酪摊成薄厚均一的片状，然后用保鲜膜包裹住，放入电子微波炉加热至人体温度程度（36℃左右）。然后放入比较深的大盆中，加入熔化的黄油，利用大型打蛋器仔细搅拌均匀。
搅拌结束后，材料看起来略有分离的状态也没有关系。首先要保证仔细搅拌均匀。

制作基础蛋奶糊

2. 把蛋黄放入较小的盆中，加入细砂糖进行搅拌。然后再加入玉米淀粉继续搅拌。

3. 在小锅中把牛奶煮沸，加入2的材料搅拌均匀。
整体搅拌均匀即可。

4. 水煮沸后，把3的材料垫在水上隔水加热，同时进行搅拌。
注意搅拌过程中要一直保持热水的沸腾状态。加热至呈现出黏稠状态。此处要点是要实现淀粉的黏稠化。

5. 整体呈现初步的黏稠化以后，将盆倾斜至可以看到盆底，然后离开热水5秒钟左右。
趁余热尚存，快速大幅度搅拌。

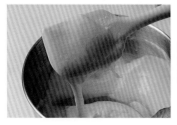

6. 整体呈现出黏稠状态即可。
如果隔水加热时间过长，会导致面糊变硬。
所以应该注意不要加热过度。

将奶油奶酪与基础蛋奶糊混合到一起，制作奶酪面坯

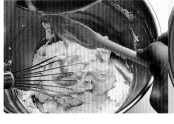 

7. 在6的材料没有冷却之前，将其加到1的盆中，使用打蛋器仔细搅拌。

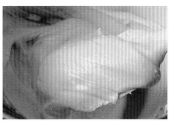

8. 面坯呈现出顺滑、有光泽的状态以后，即可停止搅拌。接下来制作蛋白霜时，若可达到与此处的面坯同样的软硬度，是最为理想的。

9. 用橡皮刮刀清理盆的周围（请参考P.67的内容）。为防止面坯变硬，可以在盆上面覆盖一条毛巾。

制作蛋白霜

10. 从细砂糖中取1小茶匙的分量，倒入冷却好的蛋白中。使用电动搅拌器的中速挡搅拌1.5分钟。

11. 叶片沿着盆边，以2秒钟3圈以下的速度慢慢旋转搅拌。注意电动搅拌器不要旋转得过快。

12. 泡沫搅拌至7分发时，加入剩余砂糖的一半。然后再继续用电动搅拌器缓慢搅拌1.5分钟。

13. 加入剩余砂糖，搅拌1分钟时间。此时，电动搅拌器的旋转速度应该更慢一点。不要让蛋白霜形成坚挺的泡沫，如果提起蛋白霜时出现了坚挺的小犄角，则已经太硬了。因此，也不需要蛋白霜的体积膨胀太大。

14. 提起电动搅拌器的时候，叶片前端能缓慢形成冰柱形的滴落状最为理想。

舒芙蕾芝士蛋糕

将蛋白霜加入到奶酪面坯中

15. 重新搅拌9的面坯，使其恢复柔顺效果。然后取14中的蛋白霜的1/4放到面坯中。

16. 橡皮刮刀从盆中心向侧面沿画圆的路线搅拌，搅拌方法为戚风搅拌（请参考P.12的内容）。每搅拌1次，左手均应沿逆时针方向转盆60°左右。
整体搅拌均匀即可。

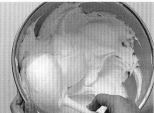

17. 第1次加入的蛋白霜看不见以后，再次加入剩余的蛋白霜。橡皮刮刀插到盆中央，按照与16中相同的方法从中心向外侧搅拌。蛋白霜全部看不见以后，换成杰诺瓦土搅拌方法（请参考P.13的内容）大幅度搅拌，3~4次以后就会基本均匀。
请注意不要搅拌过度。

倒入模型中

18. 倒入模型中。缓慢摇晃模型，使表面平整。

19. 使用刮板再次整理面糊效果。

烘焙

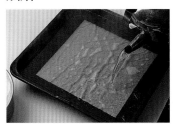

20. 在烤盘上铺好烘焙纸，倒入1~1.5cm高度的热水。

21. 在170℃的烤箱中烘焙15分钟，然后降至160℃继续隔水烘焙15分钟，直到表面出现烘焙色为止。关闭烤箱电源，最少在烤箱中静置1小时。
烤箱中的余热会继续给蛋糕加温，注意不要过火。有的烤箱，可能烤熟后的上色效果不佳。所以一定要多做几次，掌握好烤箱的烘焙效果。如果早早就把蛋糕从烤箱内取出，面糊遇冷有可能会急速收缩。所以需要在烤箱内静置一段时间。

22. 从烤箱取出蛋糕，不烫手以后用保鲜膜包裹起来，带模放入冰箱内冷藏。蛋糕完全冷却以后才能脱模。食用前再去掉蛋糕底面的纸。

蛋糕在烤箱中的时候，高度会超出模型的侧壁。关火以后高度会慢慢降低，冷却以后蛋糕会恢复到19刚刚倒入面糊以后的高度。

舒芙蕾芝士蛋糕

美味点心的 基本制作工具

为了制作出美味点心，工具非常重要。虽然基本上都是搅拌材料的工具，但是请尽可能将下述介绍的工具收集齐全以后再开始制作。本书中使用到的有盆、电动搅拌器、打蛋器等工具。

正是因为使用同一款工具，才能呈现出制作过程的意义与效果，并能实现更加精准的完成状态。所以即使是橡皮刮刀的形状、盆的大小、形状不同，也会在每次搅拌时带给面坯不同的力与搅拌力度。因此，完成状况也会出现偏差。

数码秤

本书中，材料的称量单位都精确到1g。也许有很多读者会觉得较真，但还是请按照配方中指定的分量正确称量。数码秤可以设定成减掉包装的重量，所以可以不用刻意再减掉包装重新计算。即使麻烦，也请每种材料分别称量。多种材料叠加在一起称量很容易发生误差，请一定要避免。

计时器

本书中对所有配方均提出了打发的建议时间。开始打发时，应在手边准备计时器或秒表，一定要正确地计算时间。刚开始尝试做蛋糕时，很难通过视觉效果掌握打发的完成状态，所以我们可以通过时间来判断。推荐使用数显、可以中途停止的数码计时器。

温度计

为了做出理想的面坯，确保各种材料的温度也至关重要。面坯的理想状态也要依靠合适的温度来确保，因此我在配方中也有具体的指导。我使用的温度计（如图a），可以通过红外线直接测量材料表面的温度，然后数显出来。是一款非常方便的工具。如果有这样的温度计最为理想，若没有亦可用手持式料理用温度计（如图b）来代替。但一定准备100℃和200℃两种。

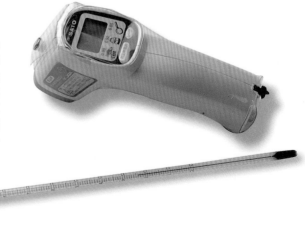

盆

为方便使用电动搅拌器时叶片可以垂直在盆中，同时叶片的角度可以与盆底形状契合在一起，请选择比较深的盆。如果盆比较浅，可能导致搅拌时间与食谱中相同、但打发的效果却不理想的结果。本书中使用的是直径21cm、深度11cm的盆。另外请准备大、中、小3个尺寸的盆，根据不同需要分别使用。

模型

本书中使用了戚风模型、海绵蛋糕模型（圆形）、花型蛋糕模型和圆盘模型。

戚风模型为铝制直径17cm的模型。若为特氟龙加工的模型，烘焙后侧面面坯会有脱落的问题，不建议使用。海绵蛋糕模型没有什么材质方面的特别要求。不锈钢、铁质均可。推荐使用不可脱底的款式。但是，制作舒芙蕾芝士蛋糕时，由于面坯具有酸性，建议使用不锈钢模型。

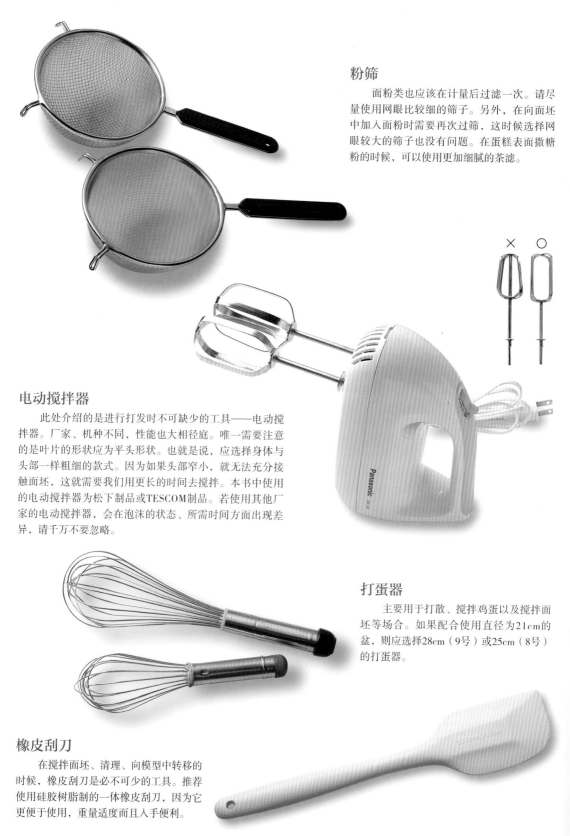

粉筛

面粉类也应该在计量后过滤一次。请尽量使用网眼比较细的筛子。另外，在向面坯中加入面粉时需要再次过筛，这时候选择网眼较大的筛子也没有问题。在蛋糕表面撒糖粉的时候，可以使用更加细腻的茶滤。

电动搅拌器

此处介绍的是进行打发时不可缺少的工具——电动搅拌器。厂家、机种不同，性能也大相径庭。唯一需要注意的是叶片的形状应为平头形状。也就是说，应选择身体与头部一样粗细的款式。因为如果头部窄小，就无法充分接触面坯，这就需要我们用更长的时间去搅拌。本书中使用的电动搅拌器为松下制品或TESCOM制品。若使用其他厂家的电动搅拌器，会在泡沫的状态、所需时间方面出现差异，请千万不要忽略。

打蛋器

主要用于打散、搅拌鸡蛋以及搅拌面坯等场合。如果配合使用直径为21cm的盆，则应选择28cm（9号）或25cm（8号）的打蛋器。

橡皮刮刀

在搅拌面坯、清理、向模型中转移的时候，橡皮刮刀是必不可少的工具。推荐使用硅胶树脂制的一体橡皮刮刀，因为它更便于使用，重量适度而且入手便利。

刮刀

在向蛋糕表面涂抹奶油的时候一定会用到刮刀。如果制作直径为18cm的蛋糕，使用20cm左右的道具恰到好处。在戚风蛋糕脱模的时候也可以使用。

刷子

刷子，是在向海绵蛋糕的面坯上涂刷糖浆、果酱时必不可少的工具。另外向模型内面涂抹黄油的时候也会用到。在涂刷糖浆的时候，不是在面坯的表面刮，而是要掌握好刷子毛的力道涂抹上去。所以推荐使用毛长、有弹性的刷子。刷子的大小规格也不尽相同，35cm的刷子比较便于使用。

刀

在切割杰诺瓦士、切分烘焙好了的蛋糕时，使用刀刃为30cm的波形道具最适合。另外，为了便于切割小型蛋糕，还应该备有刀锋比较短小的刀具。

---

column

何为"清理"？

将附着在盆侧面、底面、橡皮刮刀、打蛋器、电动搅拌器叶片上的面坯完全清理下来，再放回面坯中的操作。制作过程中会反复出现此步骤，所以请一定要牢记。

清理盆内附着的面坯

将橡皮刮刀（圆弧端）紧贴在盆侧面，逆时针旋转盆一周。橡皮刮刀与盆沿之间呈30°角。

清理叶片上附着的面坯

用手指刮掉附着在叶片上的面坯。

转台

向蛋糕上涂抹打发好的淡奶油的时候，需要使用转台来操作。如果使用的模型直径为18cm，那就需要21cm以上的转台。推荐使用有一定自重的转台。

刮板

　　本书中制作柳橙戚风蛋糕时，利用过刮板来削柳橙皮。另外还利用刮板准备出了浓香戚风中的香辛料。如果选择了性能较好的刮板，一定能够迅捷便利地进行操作。

垫纸

　　铺在模型、烤盘上使用的纸。制作点心时，有卷纸和烘焙纸两种，应区分使用。卷纸比较容易与蛋糕面坯粘在一起。所以适合用来制作松饼蛋糕、夹心蛋糕的底纸，或在制作杰诺瓦士、蛋糕卷等烘焙后带纸保存的点心时使用。烘焙纸能简单地从点心上剥离下来。本书中制作舒芙蕾芝士蛋糕时，就是用到了烘焙纸。

塑料刮板

　　在将戚风蛋糕的面坯盛起来转移到模型中的时候，我们会用到塑料刮板的圆弧边。直角边可以用来整理面坯表面的平整状态。

裱花袋+裱花嘴

　　推荐使用可以反复利用的尼龙制或纤维制裱花袋。如果长度达到40cm，就能充分应对挤出面坯或制作花样蛋糕的需要了。使用后应把裱花袋翻过来清洗干净，并使其完全晾干。本书中制作夹心蛋糕时，就是利用裱花嘴（10mm）挤出的面坯。

美味点心的 基本制作材料

在我至今为止积累的教学经验中，有两点需要在制作"美味家庭点心"时注意的事项。请各位一定要重视。

其一，就是要选择新鲜的材料。若使用了长期放在冰箱中、已经明显串味的黄油等食材，这些奇怪的味道一定会非常忠实地从点心中反馈出来。

另外一点，尽量不要使用替代品。若使用人造黄油代替黄油、使用植物性淡奶油代替淡奶油，就会使点心的味道发生显著的变化，无法产生令人感动的美味。

鸡蛋

鸡蛋直接影响面皮的风味，请尽量选择新鲜质优的鸡蛋。一般来说，与L号的鸡蛋相比，更推荐使用M号的鸡蛋。因为L号的鸡蛋很有可能只是蛋白成分很多，而整个鸡蛋的味道相对清淡。鸡的种类、饲养方法、使用季节不同，都会导致鸡蛋味道各异。请慢慢寻找自己喜欢的口味吧。

糖类

做点心的时候最常使用的就是细砂糖（左上）。即使同为细砂糖，也更推荐制果专用、颗粒微小、更易溶化的种类。一般的细砂糖很难溶化在黄油、淡奶油、冷却蛋白中，同时在打发的时候会包含很多空气在里面，这就会对口感产生影响。所以使用前可以使用食品搅拌机先行切碎细砂糖的颗粒。还有更具体的使用区分，例如增加面皮的口感时可以使用红糖（左下），烘焙之后点缀表面的时候使用糖粉（右上），杰诺瓦士保湿的时候使用糖稀（右下）等。

面粉（低筋面粉）和泡打粉（B.P.）

制作点心时使用的小麦粉，基本都是比较难以形成麸质的低筋面粉。但同为低筋面粉，由于品牌不同，其中含有的蛋白质、灰的成分也不同。另外，面粉等级不同，还会产生面粉颗粒大小的区别。同为小麦粉，却不是随意使用哪一种都会得到同样的效果。本书中使用的泡打粉为AIKOKU牌。

黄油、色拉油

黄油可以增加点心在烘焙之后的醇香风味，所以请选择新鲜质优的黄油。请注意，若使用开封以后在冰箱中长期保存以后的黄油，会产生明显的味道差别。基本上均应使用无盐黄油，但在本店也会刻意使用乳酸菌发酵后的黄油（右侧图片中上），这款黄油的香味更加突出。本书中对需要使用发酵黄油的点心都做出了明确标注。这样的点心中若使用普通的无盐黄油，会使点心风味发生翻天覆地的变化。不同的点心，有的适合使用无盐黄油，有的适合同时使用两种黄油。色拉油推荐使用油菜子油。

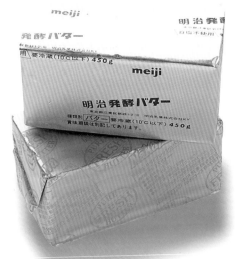

香辛料、香料

本店自行栽培了几种常常会使用的香辛料。本书中的浓香戚风即为一款使用了多种香辛料的点心。仅使用1种香辛料，就会让点心的味道截然不同。球状香辛料添香、粉状香料增味，同时使用效果显著。但请注意，使用球状香辛料之前应该先将其打碎，并请使用新鲜的物料。关于香草，推荐使用香草豆荚，而非香精或精油。本书中使用的均为马达加斯加产香草豆荚。塔希提岛产香草也具有醒目的味道。请根据个人喜好选择使用。

奶油奶酪

在制作舒芙蕾芝士蛋糕时，使用的奶油奶酪具有乳制品特有的浓厚香味。不同厂家、品牌的奶油奶酪也有各自的味道特征。

乳制品

包括淡奶油在内，乳制品的润滑香味是点心中不可缺少的。若使用了低脂肪乳制品或混合了植物性脂肪的乳制品，就会降低点心中的乳香口味。本店使用最多的淡奶油为乳脂肪含量45%的淡奶油。制作花样点心的时候，也会在奶油中加入少量牛奶，营造轻盈口感。

水果

　　应季水果的美味，与点心配合在一起，相映成趣。在新鲜水果以外，冷冻水果粒、干果等加工品也常常映入我们的眼帘，但这并不意味着我们可以不加选择。还是应该尽量选择新鲜质优的素材。在本书中杏仁蛋糕中使用的杏干，就不建议甘甜可口的杏干，而应选择直接嚼起来会有若干酸味的材料。

坚果类

　　坚果会带给点心浓香醇香的口感。在费南雪蛋糕中，我们用到了杏仁粉。推荐使用加利福尼亚出品的卡玫尔杏仁。这种杏仁香气宜人，溢满全口。若包装上没有明确的产地和"纯"字标注，基本都在里面掺杂了大豆粉的成分，导致味道欠缺。另外，我们还在香蕉椰香戚风蛋糕中使用了口感独特、魅力十足的椰蓉。

---

column

关于材料

　　本书中所用的材料全部为日本本土销售的材料。中国的材料和日本的材料（粉类、黄油、淡奶油、鸡蛋等）存在差异，所以会在一定程度上对面坯的膨胀程度，以及成品点心的味道和风味产生不同的影响，请多加注意。

KOJIMA RUMI NO DVD KOSHU TSUKI vol. 2 OISHII CHIFFON CAKE & BISCUIT
Copyright © 2010 Rumi Kojima/SHUFUNOTOMO Co., Ltd.
Originally Published in Japan by Shufunotomo Co., Ltd.
through EYA Beijing Representative Office
Simplified Chinese translation rights © Liaoning science and technology Publishing House Ltd.

图书在版编目（CIP）数据

小嶋老师的戚风蛋糕&经典蛋糕 / （日）小嶋留味著；张
岚译.—沈阳：辽宁科学技术出版社，2015.1（2024.4重印）
　　ISBN 978-7-5381-8800-4

　　Ⅰ.①小… 　Ⅱ.①小… 　②张… 　Ⅲ.①蛋糕—制
作 　Ⅳ.①TS213.2

中国版本图书馆CIP数据核字（2014）第197911号

出版发行：辽宁科学技术出版社
　　　　　（地址：沈阳市和平区十一纬路 25 号　邮编：110003）
印 刷 者：辽宁新华印务有限公司
经 销 者：各地新华书店
幅面尺寸：168mm×236mm
印　　张：4.5
字　　数：100 千字
出版时间：2015 年 1 月第 1 版
印刷时间：2024 年 4 月第 7 次印刷
责任编辑：康　倩
封面设计：袁　舒
拍　　摄：天方晴子
版式设计：袁　舒
责任校对：栗　勇

书　　号：ISBN 978-7-5381-8800-4
定　　价：36.00 元（赠光盘）

投稿热线：024-23284367　987642119@qq.com
邮购热线：024-23284502